祖國
生日快樂 國慶節

檀傳寶◎主編　李敏◎編著

中華教育

每年金秋十月第一天，我們都會在天安門廣場上為祖國母親準備一個大大的「生日蛋糕」，來紀念祖國母親雙腳走過的痕跡……讓我們一起去國旗下向她致敬吧！

目　錄

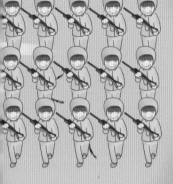

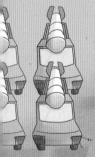

願望一　地球儀上的「格子」

格子裏的「國慶節」/2

放大鏡裏找不同 /4

願望二　節日裏的天安門廣場

獻給祖國的「生日蛋糕」/6

天安門前的「時代縮影」/8

56 根「定海神針」/10

願望三　節日裏的大閱兵

天安門廣場上的開國大典 /13

「千軍萬馬」的閱兵禮 /15

最「原創」的閱兵 /16

「刺蝟國防」的啟示 /18

方陣裏的「生態圈」/20

願望四　廣場上的「面孔」

巨人面孔 /25

冒煙的「迎賓門」/26

國旗與太陽同輝 /28

國慶節與 25 個年輕人 /32

地球儀上的「格子」

在地球上，我們習慣用節日來慶祝一些事，世界各國都有各種各樣的節日。若是把地球按國家分成小小的「格子」，每個格子也會因多樣化的節日而色彩各異。

格子裏的「國慶節」

一個國家，像我們人一樣，有自己的名字，也有自己的誕辰日，我們稱之為「國慶節」。人們會在那天，為自己的祖國母親點燃蠟燭，奏響最悅耳的讚歌。下面一起來看看大大小小的「格子」，聽聽關於它們的節日故事。

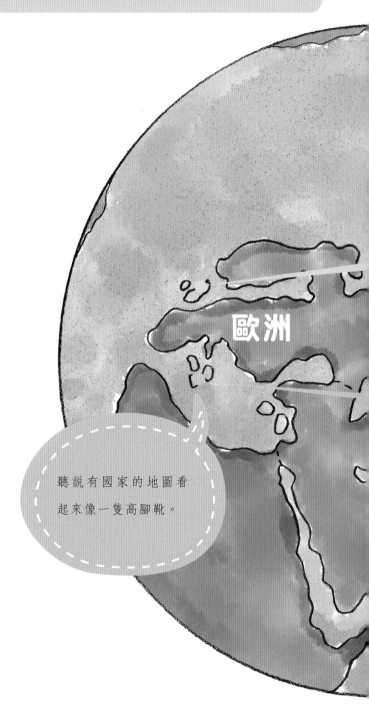

歐洲

聽說有國家的地圖看起來像一隻高腳靴。

我聽說有的國家裏還有王子和公主呢！

有王子和公主的國家可太多了。

高腳靴？那是意大利！那裏可是文藝復興的發源地。

3

放大鏡裏找不同

國家紀念日是近代民族國家的一種特徵，是伴隨着近代民族國家的出現而出現的，並且變得尤為重要。它成為一個獨立國家的標誌，反映一個國家的形象和凝聚力。

英國國慶節（時間不定）

關於英國的國慶節時間不確定的說法，並不是很準確。因為按歷史慣例，英王的生日為英國國慶節。然而，現在在位的英女王伊麗莎白二世的生日是 4 月 21 日，英國那個時間的天氣不是很好，所以便將每年 6 月的第二個星期六定為「女王官方誕辰日」，那一天便也成了英國的國慶節。這自然會讓人們覺得英國國慶節的時間是不確定的。

阿根廷國慶節（5 月 25 日）

阿根廷人在國慶節那天不放焰火，而是要敲鍋盆！這樣的慶祝方式真是舉世罕見。1810 年 5 月 25 日，「五月革命」爆發，1816 年 7 月，阿根廷獲得獨立。所以，5 月 25 日被定為阿根廷的國慶節。在國慶節那天，阿根廷人敲鍋盆，以此紀念國家獨立。

日本國慶節（12 月 23 日）

與英國一樣，日本是以立憲君主天皇的生日作為國慶節的。但日本民眾在這一天表現得特別淡定，對於絕大多數日本人來說，國慶節只意味着一天的假期而已，很少有甚麼特別的慶祝活動。

聖馬力諾國慶節（9月3日）

遠在公元301年，聖馬力諾就把每年的9月3日定為國慶節。聖馬力諾是歐洲最古老也是最小的共和國。整個國家被意大利這隻「大靴子」嚴實地包圍着。據説，這個小小的國家是一位石匠創建的！國家的名字也是為了紀念這位名叫馬力諾的石匠。

法國國慶節（7月14日）

法國國慶節又叫「巴士底日」，1789年7月14日，巴黎羣眾攻克了象徵封建統治的巴士底監獄，法國大革命爆發了。後來，這一天被定為法國人最珍視的國慶節。在每年的這一天，都會有數以萬計的法國民眾聚集在巴黎香榭麗舍大道兩旁觀看盛大的閱兵式。為慶祝這一天，每年法國要用掉50噸火藥，10億支煙花。算起來的話，僅半個小時的焰火就要花費350萬美元。

哇，真是太昂貴了！

再多的防線也無法阻擋國家走向統一的步伐！

德國國家紀念日（10月3日）

第二次世界大戰以後，德國首都柏林「出現」了一堵長長的圍牆——柏林牆，把國家分成東德和西德。這堵牆阻隔了東西柏林之間人們的往來，成為二戰以後德國分裂和冷戰的標誌性建築物。柏林圍牆被拆除之後，兩德終於在28年之後恢復了統一。為了紀念國家的重新統一，每年的10月3日被定為德國的國家紀念日。

節日裏的天安門廣場

中華人民共和國自 1949 年成立以來，天安門廣場經常會舉行閱兵式和羣眾遊行，作為慶祝國慶的中心儀式場所。

當多姿多彩的「方陣」走過天安門廣場接受祖國和人民的檢閱時，人們總是難抑內心的激動。

獻給祖國的「生日蛋糕」

每年的國慶節，天安門廣場總會煥然一新，最突出的元素就是花壇的設計和展示。在天安門廣場的正中央，每年都會設置一個中央花壇作為眾多花壇設計的主景。看，它像不像一個巨型的生日蛋糕！

國慶節來啦，快來看看吧！

中國古代是否有國慶？

「國慶」一詞，指國家喜慶之事，最早見於西晉。西晉的文學家陸機在《五等諸侯論》中寫道：「國慶獨饗其利，主憂莫與其害。」我國封建時代，國家喜慶的大事，莫過於帝王的登基、誕辰等。因而我國古代把皇帝即位、誕辰稱為「國慶」。

▼ 2008 年

這些「蛋糕」芳香四溢，每年都是甚麼時候「新鮮出爐」的？它們的「配料」看起來很複雜！

◀ 2003 年

「萬眾一心」

▲ 2005 年

▲ 2007 年

秀色可餐的「生日蛋糕」寓意我們「萬眾一心、眾志成城」，祖國「欣欣向榮、邁步向前」！

▲ 2006 年

從 1986 年到 2015 年，天安門廣場的花壇共計用花 1000 多萬株。最初的花壇使用木結構來進行各種造型設計，但木結構限制了想像力和規模，從 2000 年開始，技術人員引入燈光和鋼結構骨架來設計花壇，使花壇變得更立體、更多樣、更維妙維肖。

天安門前的「時代縮影」

國慶這天，除了廣場上的中心花壇，四周的主題花壇也是人們關注的焦點。你能通過下面的花壇迷宮，將年份與對應的主題花壇連接在一起嗎？

「鳥巢」主題花壇

▶「鳥巢」實景

1997

2006

▶「布達拉宮」實景

「壯麗山河」主題花壇

▶「壯麗山河」實景

▶「布達拉宮」實景

9

56 根「定海神針」

你一定對孫悟空的「如意金箍棒」記憶深刻，這支神奇的兵器原為東海龍王的鎮海之寶——定海神針，後來被孫悟空「借」走，才成為一件能斬妖除魔，變大可通天、變小能做繡花針的超級神器。

據說，定海神針原為大禹治水時所使用的一種測量海水深淺的工具。

還聽說，定海神針可使海底世界一直保持着光怪陸離、萬物平衡的景象。

在中華人民共和國成立 60 週年的國慶節當日，56 根神奇的「定海神針」出現在天安門廣場上，吸引了無數人好奇的目光。

原來，這些出現在天安門廣場上敦敦實實的圓柱子，是慶祝中華人民共和國成立 60 週年時而製作的 56 根民族團結柱。

團結柱找影子

下列哪幅圖是左圖團結柱真正的影子？

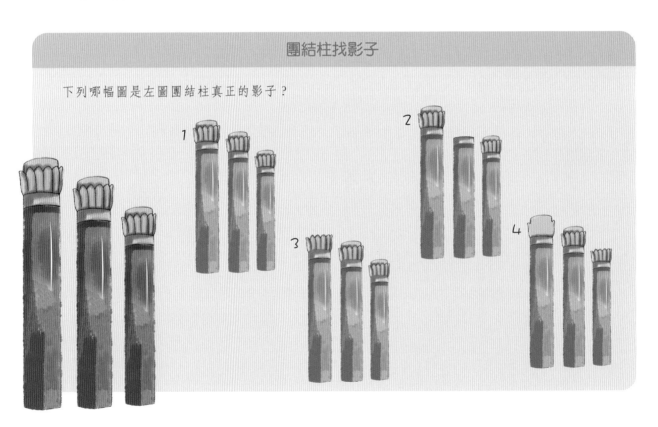

聽說，它真的有很多神奇之處！

問：這麼高的柱子能站得穩嗎？大風會不會把它們吹倒啊？

答：大可不必擔心。56 根民族團結柱可抗瞬時風力達 11 級的大風。民族團結柱風中不倒的奧祕就在於它的基座擁有適當的面積、配重，以及全身裝備富有彈性的鋼結構骨架上。

問：好多遊客都會張開雙臂，試圖把一根民族團結柱圍抱起來，可以做到嗎？

答：一根民族團結柱的重量達到了 26 噸，而基座就重達 21 噸。柱底直徑有 3.8 米，誰的手臂會有這麼長呢？

問：民族團結柱當時首先是排列在天安門廣場上，之後屹立於北京奧林匹克森林公園。風吹日曬，它們會不會褪色呢？

答：這個問題也是設計者慎重考慮了的。他們選用了能防紫外線、抗老化、防雨淋的汽車漆。粗略計算的話，一根民族團結柱所用的汽車漆可以噴 7 輛普通小轎車呢。

▼民族團結柱共有 56 根，寓意着平等、團結、和諧的 56 個民族。每根柱子的正面雕刻着一對身着節日盛裝載歌載舞的青年男女，背面可以找到本民族的吉祥圖案和民族名稱。

願望三

節日裏的大閱兵

對於大多數人的國慶記憶而言，除了鮮豔的花壇、飄揚的國旗、絢爛的焰火，更為深刻的要屬國慶大閱兵了。當三軍儀仗隊邁着整齊的步伐、帶着自信和莊嚴一路走來時，伴隨着他們整齊的腳步聲，我們難以抑制內心的激動和對祖國的自豪之情……

回顧過去，展望未來。人們在大閱兵中看到了一串串「驚歎」，更看到了中華人民共和國發展的艱辛和不易。

天安門廣場上的開國大典

1949 年 10 月 1 日，毛澤東在天安門城樓上向全世界人民宣告：「中華人民共和國中央人民政府今天成立了。」緊接着舉行了規模浩大的大閱兵和羣眾遊行。

中華人民共和國的成立開闢了中國歷史的新紀元。中國結束了一百多年來被侵略、被奴役的屈辱歷史，真正成為獨立自主的國家。

開國大典時，毛主席的表情始終凝重，他當時的心情是既高興又沉重。

毛主席後來回憶說：中國解放我當然是很高興的，同時又覺得中國的問題還沒有完全解決，因為當時的中國很落後，很窮，一窮二白。

然而，中華人民共和國百廢待興，我們需要付出更多的努力和汗水才能讓國家走向富強。

中華人民共和國的第一次大閱兵，在我們的記憶裏綿長而深刻……

當時參閱的武器裝備都是繳獲的雜牌武器，所以有人說當時我軍的武器裝備是「萬國牌」，包括日製、德製、英式、美製和捷克式，還有美製和英製的 17 架飛機。在這次大閱兵上出現的各種裝備中，只有騎兵的戰馬是我們自己國家的。

儘管如此，閱兵歷時兩個半小時，充分展現了中華人民共和國武器力量的勃勃生機。

「千軍萬馬」的閱兵禮

1950 年國慶節前夕，內蒙古騎兵第二師作為中國人民解放軍的一個兵種代表，光榮地接受了參加國慶一週年閱兵的任務。當時，他們才從通遼市錢家店雙寶南的「修河堤」大壩上撤回駐地不久，接到任務後他們馬上馳騁千里，一路上馬蹄聲聲、黃沙滾滾，從通遼趕到北京……

第二次國慶大閱兵開始啦！騎兵部隊分為紅馬方隊和白馬方隊，其中騎兵駕馭的 1900 匹白色駿馬組成龐大的陣容，以六路縱隊整齊地通過天安門廣場，成為這次閱兵禮的最壯觀景象。天安門城樓前，數千匹駿馬奔騰而過，人和馬行動一致，馬聽從指揮，沒有一聲嘶叫，馬匹馴服地在戰士們的駕馭下昂首通過廣場，毛主席從天安門城樓上摘帽高呼：「人民鐵騎兵萬歲！」騎兵部隊歡呼：「毛主席滿達！」

這令人們連連咋舌稱奇！「千軍萬馬」接受閱兵的陣容，使參加慶典的人們興奮不已，這一場面同時也在人們的記憶中定格。

最「原創」的閱兵

2009 年 10 月 1 日，中華人民共和國迎來了成立 60 週年的國慶盛典。在這次舉世矚目的盛典上，中國人民解放軍向世人展現了一個擁有新武器、新裝備、新方隊的高水平軍隊風貌。從陸海空軍、第二炮兵和武警、民兵預備役部隊中精心挑選出 8000 餘名官兵、500 餘台地面裝備和 150 餘架飛機，組成 14 個徒步方隊、30 個裝備方隊和 12 個空中梯隊，作為全國武裝力量的代表光榮接受祖國和人民的檢閱。

此次閱兵是中華人民共和國成立後閱兵史上最「原創」的一次。從飛機、導彈、坦克，到火炮、自動步槍，參閱的武器裝備全部都是「中國製造」，九成以上是國慶閱兵場上的新面孔。

武器裝備的「中國製造」是展國威、揚軍威的最佳方式，更是獻給祖國母親 60 華誕的一份厚禮！

「刺蝟國防」的啟示

　　瑞士是一個美麗的小小山國。這個國家不僅以「瑞士錶」聞名於世，也以「永久中立」的外交政策聞名遐邇。它成功地躲避了近在咫尺的兩次世界大戰。

　　究竟是甚麼力量在守護着這個小小的國家？有人說是它的「刺蝟」國防。

幾小時之內，50 萬瑞士男人穿上了軍裝

　　二戰期間，希特勒軍隊攻陷法國後，曾在瑞士東部邊境部署了 50 個師團，但最終讓希特勒放棄入侵計劃的是瑞士全民皆兵的「刺蝟」國防。

　　1937 年 7 月的某天，50 萬瑞士男人在幾小時之內全都穿上了軍裝。一個只有 400 萬人口的國家裏竟然有 50 萬人立刻換上了戎裝，他們準備在阿爾卑斯山脈的隱蔽陣地內長期固守，危急關頭將不惜炸毀與德國和意大利相連的、至關重要的聖哥達隧道和辛普朗隧道。

　　納粹德國的情報機構向希特勒匯報說，如果德軍入侵的話，將遭受重大損失！希特勒在權衡利弊得失後，最終放棄了入侵瑞士的計劃。

　　一個國家的國防實力既取決於國防工業、武器裝備、國防設施、武裝力量等硬實力，還取決於全民的國防意識、國防熱情、國防知識和技能等軟實力。國防、國防，一國豈能無防！

我們的「刺蝟國防」

我們也曾經成功地打響了我們的「刺蝟國防」——地道戰，讓侵略者聞風喪膽。1937 年「七七事變」後，日軍大舉南侵，採取「鐵壁合圍」「縱橫梳篦」的清剿戰術，進行殘酷的「大掃蕩」。冀中人民抗日武裝為了保存自己的力量，長期堅持平原游擊戰爭，開始挖掘和利用地道與日軍進行鬥爭。

資 料 袋

地道一般寬 1 米、高 1.5 米，頂部土厚 2 米以上。地道內設有瞭望孔、射擊孔、通氣孔、陷阱、活動翻板、指路牌、水井、儲糧室等，便於進行對敵鬥爭。

河北冉莊地道戰遺址保護區有 30 萬平方米，現在仍保留着二十世紀三四十年代冀中平原村落的環境風貌，完整保留着高房工事、牲口槽、地平面、鍋台、石頭堡、麵櫃等各種作戰工事。地下完整保留着當年作戰用的 3000 米地道，以及卡口、翻眼、囚籠、陷阱、地下兵工廠等地下作戰設施，使人如置身於戰爭歲月。

▲ 雞窩地道口

▲ 水井地道口

方陣裏的「生態圈」

在中華人民共和國成立60週年的國慶大閱兵隊伍裏，生態環保方陣第一次出現在天安門廣場上。生態環保方陣「綠草茵茵」，與其他方陣的五彩斑斕遙相呼應，折射出全國人民生態環保理念的提升以及對美好生活的訴求與憧憬，從另一側面彰顯了中華人民共和國成立60年來社會的文明與進步。從1949年第一次閱

兵到2009年第十四次閱兵，我們經歷了不同的發展階段，從努力解決「温飽」的需要，到尋求滿足「小康」的需要。

資料袋：環保事業成績單

1. 1973年，召開第一次全國環境保護會議。
2. 1983年，國務院宣佈環境保護為我國一項基本國策。
3. 1989年，《中華人民共和國環境保護法》正式頒佈。
4. 2008年，原國家環保總局升格為環境保護部。環境保護工作成為國家戰略發展的重中之重。
5. 2018年，組建生態環境部，不再保留環境保護部。

保護環境是我國的基本國策，中國已經制定並組織實施了一系列生態環境政策、規劃和標準，做了很多努力。那麼，你會為你的小康夢做哪些努力呢？

從「温飽」到「小康」，我們已經在路上了，你會為這些偉大夢想做哪些努力呢？

我的温飽目標：吃飽穿暖有房住，還要有許多好朋友。

我的小康目標：吃得更健康、穿得更時尚、住得更舒適。有機會出國學習交流！

國家的温飽目標：14 億人口的吃飯問題，所有的孩子接受免費義務教育問題……

國家的小康目標：生活舒適、百姓富裕、青山常在、綠水長流。

廣場上的「面孔」

在歡樂的節日裏，我們會被天安門廣場上熱鬧的景象深深吸引：芬芳四溢的「生日蛋糕」、威武的國慶閱兵、喧鬧的人海、璀璨的焰火……

你是否還留意到其他事物？

還有些平日裏令人矚目的「巨人們」，此刻正靜靜地注視着年年都會到來的盛大場面和歡樂的人羣。

他們是誰？

他們都在哪裏呢？

哪些建築物不屬於這裏？請你找出來。

巨人面孔

人民大會堂

　　人民大會堂是召開全國人民代表大會的會址，是全國人大常委會的辦公場所。它既是重要的政治活動中心，也是外交和文化活動的重要場所。

毛主席紀念堂

　　毛主席紀念堂是為紀念開國領袖毛澤東而建造的，位於人民英雄紀念碑南面。每天前往毛主席紀念堂瞻仰的中外賓客絡繹不絕。

人民英雄紀念碑

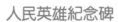

　　人民英雄紀念碑是中華人民共和國政府為紀念中國近現代史上的革命烈士而修建的，位於天安門廣場中心。紀念碑承載了中國人民對無數革命先烈的緬懷和追憶。碑身鑴刻「人民英雄永垂不朽」八個大字。

天安門城樓

天安門城樓在明代、清代是皇城的正門。寓意「受命於天、安邦治民」。中華人民共和國成立後，這座建築成為國家的象徵。

中國國家博物館

中國國家博物館是一座系統展示中華民族文化歷史的綜合性博物館，是世界上最大的博物館之一。

正陽門（俗稱「前門」）

前門，是老北京的象徵。人人都說北京城是個「八臂哪吒城」。前門建造的靈感據說來自傳說中的哪吒形象，前門是哪吒的頭顱，前門兩旁的門是哪吒的耳朵。「哪吒」注視着面前的車水馬龍，見證了中國的發展與變化。

冒煙的「迎賓門」

　　距離正陽門不遠處，曾是北京最大的火車站——前門火車站，這裏曾是我國重要的「迎賓門」，滾滾濃煙和隆隆鐵軌聲見證了許多歷史上的重大事件和動人的故事，它成了留駐時光、延續情感的重要地理坐標。為此，我們在這裏建成了今天的中國鐵道博物館來承載歷史和回憶。

　　建於清末的正陽門車站站名先後六次更名，依次為：正陽門東車站、前門站、北平站、北平東站、新北京站，反映了二十世紀中國社會和北京鐵路的發展和變化。

　　正陽門車站見證了中國現代史上無數的重大歷史事件。

中華人民共和國成立前夕，毛澤東在這裏親自迎接宋慶齡進京。

1924年孫中山抉病北上，李大釗和十萬民眾到這裏迎接。

1912年孫中山北上，袁世凱在這裏主持歡迎儀式，歡迎者達數萬人。

中華人民共和國成立之後，前門火車站一度成了「國門」和「首都迎賓門」。毛澤東首次對蘇聯進行國事訪問就是從這裏啟程。

抗美援朝志願軍的英雄代表凱旋後回到這裏，周恩來總理親自迎接。

中華人民共和國成立後，經濟日益發展，原有設施設備很難適應日益增長的客貨運輸需要，1959年9月，新北京站落成，使用了半個多世紀的前門老火車站原址停業，完成了它的歷史使命。

中國八大古都

古都名稱	定都朝代 / 政權
西安	西周、秦、西漢、新莽、東漢、西晉、前趙、前秦、後秦、西魏、北周、隋、唐
洛陽	夏、商、西周、東周、東漢、曹魏、西晉、北魏、隋、唐、武周、後梁、後唐、後晉、中華民國
南京	東吳、東晉、宋、齊、梁、陳、南唐、明、太平天國、中華民國
開封	夏、魏、後梁、後晉、後漢、後周、北宋、大齊、金
安陽	商、曹魏、後趙、冉魏、前燕、東魏、北齊、大魏
鄭州	夏、商、管、鄭、韓
北京	魯國、前燕、北遼、金、元、明、清、中華民國、中華人民共和國
杭州	吳越、南宋

國旗與太陽同輝

　　伴隨着社會的發展和時代的進步，國慶節越來越具有時代氣息。鄉村、城市、海港……紅旗飄飄，到處都洋溢着節日的喜慶，還表達出一份莊嚴。

《今天是你的生日》
今天是你的生日
我的中國
清晨我放飛一羣白鴿
為你銜來一枚橄欖葉
鴿子在崇山峻嶺飛過
我們祝福你的生日
我的中國
願你永遠沒有憂患
永遠寧靜

我們祝福你的生日
我的中國
這是兒女們心中
期望的歌
⋯⋯

《今天是你的生日》是一首特別動聽的歌曲。請再尋找幾首與祖國生日相關的歌曲，比一比，哪一首更動聽。

29

自來水管升國旗

當你看到今天天安門廣場上壯觀的升旗儀式時，你一定不會想到中華人民共和國的第一面國旗是在自來水管上升起來的。這裏還有一個鮮為人知的故事呢。

那時的北平城剛剛獲得解放，要找旗杆材料很不容易。負責旗杆結構設計的是林治遠設計師，他苦思冥想，突然靈機一動，想到了自來水管。他馬上趕到自來水公司，選了四根口徑不一的自來水鋼管，一節一節地把它們套起來，再精心焊接好。

但是，四根焊接起來的自來水管，總長度沒有達到設計要求，只有 22.5 米。可否再焊上去幾根管子，湊足 35 米的長度？遺憾的是自來水管只有這四種型號，沒有再大一點或小一點的型號了。而兩根口徑等同的管子，按當時的技術水平根本無法焊接起來。最後，指揮部同意按 22.5 米高度製造旗杆。

經過精心籌備後，中華人民共和國的第一面國旗終於在天安門廣場上高高飄揚。

國旗國旗真美麗

　　1990 年，北京的一位叫梁帆的中學生，應聯合國兒童基金會的邀請，參加在荷蘭舉行的「世界兒童為和平為未來」活動。

　　當她看到五十多個國家的國旗懸掛在賓館前的旗杆上，而唯獨不見中國的國旗時，便急切地找到活動方組織人員說：「我怎麼沒有看到我們中國的國旗？一定要升起中國的國旗，因為我來自中國！」

　　在她的一再要求下，幾經周折，鮮豔的五星紅旗終於高高飄揚在諾維克上空。

　　中華人民共和國國旗是中華人民共和國的象徵和標誌。每個公民和組織，都應當尊重和愛護國旗。

行注目禮

《中華人民共和國國旗法》第十三條：舉行升旗儀式時，在國旗升起的過程中，參加者應當面向國旗肅立致敬，並可以奏國歌或者唱國歌。

國慶節與 25 個年輕人

1999 年 10 月 1 日，我們迎來了中華人民共和國第 50 個國慶節。此時，有 25 個年輕人，他們和其他公民一樣，正在迎接中華人民共和國成立 50 週年慶典。所不同的是，1999 年 10 月 1 日這一天所發生的事情改變了他們一生的軌跡，而之後的十年也推動着國家的技術進步和商業進程。

這 25 個年輕人都是「1999 年硅谷留美博士企業家合作團」中的傑出人才。10 月 1 日那天，這 25 人登上了天安門觀禮台，觀看 1949 年中華人民共和國成立以來最大規模的大閱兵。當一個個方陣從天安門廣場上走過時，他們忍不住一陣陣地歡呼，一時熱淚盈眶⋯⋯

> 一個時代的人們不是擔起屬於他們時代的變革的重負，便是在它的壓力之下死於荒野。
>
> ——哈羅德・羅森堡
> 《荒漠之死》

這天之後的半年內，這 25 人幾乎都回國創業。他們開啟了回國創業的時代潮流。他們當中最引人矚目的是兩位年齡最小的年輕人，一個叫李彥宏，一個叫鄧中翰，那年他們剛滿 30 歲。

中星微電子董事局主席鄧中翰當時熱血沸騰：「今天不是回來做第一筆國家風險投資，也不僅是做中國第一個芯片，而是為國家的未來出自己的一份力。」

1999 年

10 月 14 日，國慶觀禮後不到兩週，「中國芯片之父」鄧中翰在北京創辦了中星微電子公司。2005 年 11 月 15 日，中星微在美國納斯達克上市。

1999 年

12 月 24 日，李彥宏在北京創辦百度中文網站。2005 年 8 月，百度在美國納斯達克上市，當天股價從發行價 27 美元飆升至 150 多美元，創歷史紀錄。

摘錄自雷曉宇《中國企業家》2009（9）

我的家在中國‧節日之旅③

祖國
生日快樂 | 國慶節

檀傳寶◎主編　李敏◎編著

責任編輯：楊 歌

裝幀設計：龐雅美

排　版：龐雅美　鄧佩儀

印　務：劉漢舉

出版 / 中華教育

香港北角英皇道 499 號北角工業大廈 1 樓 B

電話：（852）2137 2338

傳真：（852）2713 8202

電子郵件：info@chunghwabook.com.hk

網址：https://www.chunghwabook.com.hk/

發行 / 香港聯合書刊物流有限公司

香港新界荃灣德士古道 220-248 號

荃灣工業中心 16 樓

電話：（852）2150 2100

傳真：（852）2407 3062

電子郵件：info@suplogistics.com.hk

印刷 / 美雅印刷製本有限公司

香港觀塘榮業街 6 號

海濱工業大廈 4 樓 A 室

版次 / 2021 年 3 月第 1 版第 1 次印刷

©2021 中華教育

規格 / 16 開（265 mm x 210 mm）